LA PHRÉNOLOGIE

N'EST PAS UNE DOCTRINE PHILOSOPHIQUE.

TOUTE VÉRITÉ

EST DANS

LA SANCTION MUTUELLE ET L'UNION DE LA CONSCIENCE ET DE LA SCIENCE.

LA PHRÉNOLOGIE

N'EST PAS

UNE DOCTRINE PHILOSOPHIQUE.

—

TOUTE VÉRITÉ

EST DANS

LA SANCTION MUTUELLE ET L'UNION DE LA CONSCIENCE ET DE LA SCIENCE.

PAR LE DOCTEUR J. FOURNET.

Travail lu à la Société médicale d'émulation de Paris,

Dans la séance du 1er Juillet 1854,

ET IMPRIMÉ PAR DÉCISION DE LA SOCIÉTÉ.

Publications de l'Union Médicale, des 26 et 28 Septembre 1854.

PARIS,

TYPOGRAPHIE FÉLIX MALTESTE ET Cie,

Rue des Deux-Portes-Saint-Sauveur, 22.

—

1854

LA PHRÉNOLOGIE

N'EST PAS UNE DOCTRINE PHILOSOPHIQUE.

TOUTE VÉRITÉ

EST DANS

LA SANCTION MUTUELLE ET L'UNION DE LA CONSCIENCE ET DE LA SCIENCE.

Travail lu à la Société médicale d'émulation de Paris, le 1er Juillet 1854 ,
Et imprimé par décision de la Société.

Messieurs,

J'ai entendu comme vous tous, avec beaucoup d'intérêt, et j'ai lu, avec beaucoup de soin, le rapport de M. Lallemand sur un livre de M. le docteur Lacorbière, qui a pour titre : *De l'influence de la phrénologie sur les progrès ultérieurs de la philosophie et de la morale.*

J'ai insisté près de vous pour l'impression de ce rapport, dans le double but : de rendre hommage au talent du rapporteur, et d'appeler sur son rapport un plus sérieux examen.

Je n'en veux rappeler et fixer ici que les grands traits.

Je suis de l'avis de M. Lallemand quand il écarte les prétentions de

la phrénologie à constituer une doctrine philosophique, et, par conséquent, à régler les institutions sociales et la vie humaine.

Mais j'ai le regret de me séparer de lui dans la doctrine qu'il lui substitue, et qu'il déclare seule source de vérité et de morale.

Ce sont les deux points de vue que je vais essayer de vous présenter.

Tous deux sont dominés par ce fait, base de toute philosophie
sérieuse, que « la création n'est que la plastique des idées divines (1); »
en d'autres termes, que Dieu, l'âme du monde, est derrière le voile de
l'univers, et pareillement, que l'âme humaine est derrière le voile de
l'organisme humain ; c'est-à-dire que nous sommes composés de corps
et d'esprit liés entre eux d'un rapport logique.

Ce sont, ici et là, deux termes correspondans d'une même unité : ici
l'unité divine, là l'unité humaine ; deux termes, dont l'un, tout spirituel,
tourné vers le monde intérieur, se réfléchit dans la conscience ; dont
l'autre, tourné vers le monde extérieur, matériel, mais pénétré, animé
par le précédent, est du domaine des sens et de l'intelligence, et se
dévoile à la science.

Une admirable logique unit ces deux termes, le corps et l'esprit, dans
l'univers et dans l'homme. C'est par leur enchaînement que la science,
essentiellement analytique, remonte des conséquences aux principes,
de l'organisme universel à son créateur, de l'organisme humain à l'âme
qui est son type. C'est par la logique de leur enchaînement que la conscience, essentiellement synthétique, descend : des vérités absolues, dont
elle a l'intuition, aux pratiques de la vie ; des facultés de l'âme aux fonctions.

Et, puisque la conscience n'est que l'apercevance intime de l'un de
ces deux termes; et la science, l'évidence rationnelle de l'autre; la
même unité qui est faite par Dieu entre les deux termes de toute harmonie naturelle, doit être faite par l'homme entre la conscience et la
science.

(1) Platon.

La vérité divine est dans le rapport des deux termes constitutifs de l'univers ; la vérité humaine est dans le rapport des deux termes constitutifs de l'homme, par conséquent dans la sanction mutuelle et l'unité de la conscience et de la science qui les représentent.

Toute vérité, toute morale, toute pratique sortent de là.

L'esprit et le corps humain, — la conscience et la science humaine, ne sont que les *moitiés* du *tout humain* ; et la vérité, la prédestination sont dans le *tout*.

Ces considérations préliminaires, Messieurs, dominent tout ce que j'ai à vous dire. Du haut de ces faits si simples, et de leurs conséquences si claires, vous allez mieux juger, je crois, la double erreur : De la phrénologie considérée comme doctrine philosophique, et de la doctrine que lui substitue notre savant confrère.

Car, c'est de la phrénologie considérée comme doctrine philosophique, comme source de morale privée et publique, qu'il s'agit, Messieurs, ne l'oublions pas, et veuillez m'excuser du caractère de ce travail, par l'obligation qui m'est faite de prendre et de suivre la question telle qu'elle est posée.

I.

Je commence par l'erreur phrénologique :

Tout l'édifice phrénologique me semble reposer sur deux principes :

Premier principe : *Les facultés ne sont que des fonctions, des phénomènes. Le cerveau, au lieu de n'être qu'organe de transmission, de manifestation de la pensée, est organe générateur de la pensée et du sentiment.*

L'un des deux termes de l'unité humaine que je vous présentais tantôt, est anéanti ; il ne reste plus que le terme matériel, l'organisme et ses actions. L'âme et ses facultés s'éclipsent devant la matière organisée.

Or, l'action est comme l'organe ; connaissant les divers organes cérébraux, correspondans aux diverses actions cérébrales, on pré-

jugera ces actions, c'est-à-dire tous les actes de la vie de relation, c'est-à-dire la pratique humaine toute entière, celle de l'ensemble des hommes, et la pratique particulière de chacun d'eux.

Second principe : Les divers organes dont se compose la masse cérébrale se dessinent, à la surface du cerveau, dans des reliefs et des formes qui se réfléchissent, au travers des parois du crâne, à la surface de la tête. On peut, par ce rapport, juger les prédominances cérébrales et préjuger les actions.

Tels sont, je crois, les deux principes auxquels on peut ramener toute la phrénologie.

Le premier principe est faux, par cela même qu'il supprime l'un des deux termes de la dualité humaine. Ni l'organe, ni la fonction n'ont plus leur raison d'être. Les sources de la morale sont, par là même, livrées au matérialisme et au fatalisme ; c'est-à-dire que toute morale s'évanouit; car, ce n'est plus vous, c'est votre cerveau qui est responsable.

En se constituant principe philosophique, et, par conséquent, directeur des choses humaines au nom de la science, la phrénologie s'oblige, non pas seulement dans l'avenir, mais déjà dans le présent, à faire ressortir, d'une science précise d'organologie cérébrale, toutes les grandes vérités constatées par le sentiment unanime, par la science et par l'expérience. Or, cette science n'existe pas, n'est même pas en voie d'exister, au moins dans la précision qu'exige la mission si grave qu'on lui destine. Je dis plus: ainsi séparée des lumières de la conscience, par l'anéantissement du terme qui se révèle à la conscience, par l'anéantissement de l'âme et de ses facultés, cette science n'est pas possible.

Mais, connaîtriez-vous tous les organes cérébraux et leurs attributions, vous n'en connaîtriez pas pour cela les actions; car, si ces actions suivent, dans une certaine mesure, le développement de l'organe, elles suivent encore bien plus la loi de la volonté qui commande à l'organe. Tel demande plus à un cerveau ou à un organe cérébral moins développé; tel autre demande moins à un organisme cérébral plus puissant.

Le second principe, qui suppose une correspondance exacte, un rapport révélateur entre les organes cérébraux et les formes extérieures de la tête, n'est pas plus solide ; car, non seulement ce rapport n'existe pas avec la précision désirable, là où on croit pouvoir le signaler, mais il est hors du possible, pour tous les organes cérébraux qui occupent l'intérieur de la masse cérébrale, et pour tous ceux qui reposent sur la base du crâne.

C'est à peu près comme si la peinture et la sculpture prétendaient retracer, à la surface de la toile ou de la statuaire, toute l'anatomie et toute la physiologie humaines.

Jusque-là, dirai-je à M. Lallemand, nous sommes d'accord ; et c'est avec plaisir que j'ai fait tout ce chemin côte à côte d'un homme versé dans ces questions, et d'un habile écrivain : La phrénologie supprime toute une moitié de l'homme, et la plus élevée ; elle suppose, entre l'action et l'organe, un rapport nécessaire qui n'est pas ; elle déclare, entre les organes cérébraux et les reliefs de la tête, une correspondance qui manque de précision, qui est insaisissable ou nulle. Au milieu de ses prétentions scientifiques, elle manque au premières règles de la science ; au milieu de ses prétentions philosophiques, elle manque aux trois parties essentielles de la philosophie : la source génératrice de tout ce qui vit, la logique, et la morale qu'elle détruit.

Tous deux, nous écartons ses prétentions, de présent ou d'avenir, au gouvernement des choses humaines, tout en reconnaissant les services secondaires qu'elle a rendus.

II.

Mais, entraîné par la logique de votre esprit, vous ne pouvez renvoyer la phrénologie de la scène des destinées humaines qu'elle prétendait occuper, sans indiquer, en passant et dans un sentiment de bienveillance pour vos semblables, la doctrine qui vous paraît la meilleure ; et c'est là le moment où j'ai le regret de me séparer de vous.

Il est évident, pour quiconque vous lira avec attention, que vous substituez le spiritualisme pur au matérialisme pur de la phrénologie :

à la page 13, vous parlez de la manifestation directe, et sans intermédiaire de la matière organisée, de l'intelligence divine à l'homme. A la page 14, repoussant la phrénologie parce qu'elle s'appuie sur l'organisme humain, sur l'organisme cérébral, vous lui opposez le spiritualisme pur qui va chercher en Dieu lui-même, et directement, les fondemens de la morale.

Précisons bien notre pensée dans des questions aussi délicates :

Sans aucun doute, toute vérité, toute morale ont leur source en Dieu : c'est de lui que tout procède, c'est à lui que tout revient, c'est en lui que tout s'accorde ; c'est dans ce principe que nous nous retrouvons, vous et moi, au moment même de notre séparation : Dieu est la lumière et le bien ; hors de lui, il n'y a qu'obscurité et malheur.

Mais Dieu, qui enferme en lui la vérité universelle, s'est exprimé dans l'univers ; mais l'âme humaine, qui procède directement de Dieu, et implique en elle toute vérité humaine, s'est exprimée dans l'organisme humain. Ce n'est pas l'homme qui a fait cet organisme humain et ses admirables rapports avec les facultés de l'âme humaine, c'est la logique divine, c'est la nature qui l'a fait en nous ; l'homme ne fait que s'en servir, bien ou mal.

Ces deux termes correspondans de l'unité humaine, l'un tourné vers le monde intérieur, l'autre vers le monde extérieur, sont donc, tous deux, d'institution divine. Dieu, le principe de tout bien, se révèle à nous par ces deux voies : les vérités universelles et absolues se réfléchissent directement de la face divine dans la conscience humaine restée pure. L'âme humaine, et, avec elle, les vérités humaines, se réfléchissent aussi dans le divin miroir de la conscience, si rien ne l'a terni ; et c'est là que nous les retrouvons, sans cesse, comme en un sanctuaire, dans les éclipses de notre raison. Mais ces vérités universelles ont pris un corps et un mouvement dans l'univers et la vie universelle ; mais la logique humaine s'est incarnée vivante dans l'organisme humain et la vie humaine, et c'est la seconde voie par laquelle elles se révèlent à nous. L'une est la voie de la conscience, l'autre est la voie de la science : l'une est l'intuition, l'autre est l'observation.

Prises séparément, la conscience et la science, l'intuition et l'observation peuvent faillir. La certitude est dans leur accord, dans leur mutuelle sanction, comme l'intégrité humaine est dans l'unité et l'harmonie des deux personnes de l'être humain.

Que faites-vous, cependant? Au moment même où vous reprochez, avec juste raison, à la phrénologie de méconnaître l'un des termes de cette indivisible unité et de s'égarer dans l'autre, vous l'imitez en la blâmant : par une réaction sans mesure, vous vous jetez dans le terme qu'elle a méconnu. Vous repoussez toute doctrine qui s'appuie sur l'organisme, vous vous rejetez de l'observation dans l'intuition, c'est-à-dire que, sans vous en rendre bien compte, vous abjurez toute science, pour vous en remettre à la conscience. Ce n'est pas que je vous suppose cette intention. Je vous reconnais trop éclairé et trop homme de science pour cela; mais c'est là la conséquence dernière et fatale de ce spiritualisme exclusif auquel conclut votre rapport. Ce n'est donc pas vous, c'est votre doctrine que je combats.

Qu'est-ce, en effet, que la science? Sinon l'application des sens et de l'intelligence à leur suite, à la recherche des vérités universelles impliquées dans l'univers, des vérités humaines impliquées dans l'organisme humain. Rejeter toute doctrine qui s'appuie sur l'organisme parce qu'elle s'appuie sur l'organisme, c'est donc rejeter toute science, et c'est, du même coup, mutiler l'homme de son intelligence et de ses sens, désormais inutiles ; et, en fermant une des deux voies de révélation que Dieu a ouvertes à l'homme et qu'il a rendues solidaires l'une de l'autre, c'est fermer la porte à toute certitude.

Car, en chassant, sans le vouloir et sans le savoir, des abords du temple, la science, qui s'y présentait respectueusement dans la personne des sens et de l'intelligence pour concourir avec la conscience, vous chargez la conscience seule, en d'autres mots, l'intuition, de décider de la vérité. Mais ce n'est pas d'aujourd'hui qu'on lui a remis le monopole de la vérité : ne s'est-elle jamais trompée? n'est-ce pas elle qui a présenté aux hommes, comme des émanations directes de Dieu, toutes les doctrines qui ont tour à tour régné despotiquement ; qui, tour à tour, ont obscurci ou ensanglanté le monde, et dont la conscience elle-même a rougi, après quelques siècles de réflexion ? Vous le voyez, maintenant, votre manifestation directe, présentée comme source unique de vérité, c'est la porte sacrée ouverte à toutes les hallucinations du mysticisme.

Ne mutilons pas l'œuvre de Dieu, nous ne saurions lui en substituer de plus belle et de plus sage : l'homme est fait de deux moitiés, de corps et d'esprit ; respectons-les toutes deux, et plaçons-nous dans leur unité ; la logique divine s'est écoulée vers nous par ces deux voies ; remontons à Dieu par toutes deux ; l'une aboutit à la conscience ; l'autre à la science personnifiée dans le concours des sens et de l'intelligence ; que chacune suive sa voie parallèle à l'autre, et qu'au lieu de s'entre-détruire dans une lutte fratricide, dont le monde n'a que trop souvent donné le spectacle, elles sachent, enfin, que la vérité n'est et ne peut être que dans leur sanction mutuelle et leur unité.

La conscience fait son avénement dans l'homme avant la raison ; c'est donc à elle d'ouvrir la voie. La science serait sans direction et sans boussole, hors des données de la conscience. L'une propose, l'autre vérifie ; l'une dogmatise, l'autre démontre ; mais, par cela même, les opérations de la science sont toujours très compliquées et très lentes ; l'une est la synthèse rapide, simultanée ; l'autre est l'analyse prudente et successive. Il faut donc accorder à la science le temps qui lui revient, et réserver ses droits pendant ce temps quelquefois séculaire. Elle doit régner un jour avec sa sœur aînée ; déjà, elle partage l'empire des destinées humaines en tout ce en quoi elle est majeure. C'est à la première à tenir le sceptre, partout où la seconde est encore mineure.

Ne repoussons donc pas la phrénologie parce qu'elle s'appuie sur l'organisme humain et qu'elle y cherche les vérités humaines, car ce serait rejeter, du même coup, l'anatomie, la physiologie, la médecine et toutes les sciences ; mais repoussons-la parce qu'elle prend sur l'organisme un faux point d'appui, parce qu'elle y cherche mal la vérité qui y est impliquée.

C'est le droit inaliénable et le devoir indéfectible de la science, de chercher, dans l'organisme universel, les vérités universelles qui aboutissent à l'unité de Dieu, et qui transparaissent à l'intelligence, au travers de la création et de la vie universelle ; c'est le droit et le devoir de la science de chercher, dans l'organisme humain, les vérités humaines qui font de la personne de l'homme, pour l'esprit qui les a saisies, comme une *transfiguration* ; de chercher dans le cerveau des organes correspondans aux facultés de l'âme et à leurs combinaisons. Là, est la vraie science ; c'est là que nous nous rencontrons, nous tous, hommes de science : anatomistes, physiologistes, médecins, naturalistes, physiciens, chimistes, etc., etc.

Si la phrénologie n'avait eu que cette prétention, ou plutôt cette espérance, elle eût fait partie de la vraie science ; elle eût été pour nous comme une sœur ; et la preuve, vous la donnez vous-même, c'est que les seuls services qu'elle ait rendus, son seul mérite, son seul titre à être citée comme science, c'est d'avoir communiqué une vive impulsion à l'organologie et à la physiologie cérébrales.

Mais ce n'est pas à ce titre de vérité qu'elle est phrénologie ; elle n'est phrénologie qu'à un titre d'erreur : son principe, au lieu d'être la correspondance entre les facultés de l'âme et l'organologie cérébrale, est la correspondance entre l'organologie cérébrale et les formes extérieures de la tête. Ce principe supprime les facultés de l'âme, pour ne plus laisser subsister que la matière organique qui les exprime. Dès lors, la phrénologie ne voit plus l'âme derrière son rideau de matière ; elle ne voit plus Dieu derrière l'univers, elle ne voit plus que le cerveau et le reflet de ses formes à l'extérieur du crâne ; et en instituant la possibilité de préjuger les actions par ces formes, elle méconnaît l'influence de la volonté sur l'action ; par cela même, elle précipite les destinées humaines dans l'abîme du matérialisme et du fatalisme, où toute moralité s'engloutit.

III.

Le but de mes efforts est de réserver les droits de la science, de la raison, non pardessus, mais à côté des droits de la conscience ; mon but est d'éviter à l'humanité les écarts dans lesquels on tombe nécessairement quand on se détourne, soit à droite, soit à gauche, de cette voie de l'unité commune, qui, seule, est la vérité, qui, seule, est la certitude absolue.

Vous me fournissez vous-même, vers la fin de votre rapport, la preuve des funestes conséquences auxquelles est entraîné, à son insu et malgré lui-même l'esprit humain, une fois engagé dans une de ces deux exclusions : de l'un ou l'autre des deux termes de la dualité humaine, de l'une ou l'autre des deux voies de la révélation divine.

Je regrette d'avoir à vous suivre dans les considérations de philosophie religieuse auxquelles vous vous livrez ; mais c'est vous qui m'y forcez, en cherchant à abriter sous ce voile sacré, les erreurs de votre principe.

Dans votre spiritualisme exclusif, c'est la science, vous le voyez, qui se trouve exclue de la participation au gouvernement humain. Pour un homme de science, c'est déjà une assez étrange situation ; vos intentions ne sont pas, ne peuvent être le sacrifice de la science, je m'empresse de le témoigner ; mais il est question ici de votre doctrine, non de vos intentions. Vos intentions sont toujours là pour vous retenir dans l'action, vous ! Mais le lecteur, confiant et séduit par votre talent, pourrait être entraîné par votre doctrine. Comment ne le serait-il pas, quand, vous-même, ami de la science, vous ne voyez pas le suicide scientifique auquel votre doctrine vous conduit malgré vous même ?

Mais, savez-vous où vous entraîne la logique de votre principe, l'inflexible logique, incoercible loi de l'esprit ? Par le seul fait de la suppression de la science et de l'objet de la science, elle vous ramène vers ce gouffre du fatalisme dont vous vous détourniez avec terreur, et vous y précipite de vive force. Ce n'est plus, il est vrai, le fatalisme honteux du matérialisme ; mais c'est encore le fatalisme avec toutes ses conséquences. « De même, dites-vous, page 14, de même que l'homme est doué de la sensibilité physique et de la liberté morale, de même le mal physique et le mal moral sont le *lot permanent* et *fatal* de l'humanité ». Comment, d'abord, avez-vous pu associer ces deux mots et ces deux idées : liberté et fatalisme? Je vais vous le dire : c'est que votre bon sens d'homme de science et d'homme de conscience ne peut se refuser à l'évidence de la liberté humaine, et ce mot, et cet aveu de *liberté* vous échappent naturellement. C'est, d'un autre côté, que votre principe de spiritualisme exclusif, c'est-à-dire votre intuition directe, n'a pu suffire jusqu'ici à donner aux hommes la vérité pure de toute erreur, et le bonheur qui est toujours dans la vérité, comme le bien est en Dieu; cependant, ne pouvant, ne voulant mettre au compte de votre principe les malheurs et les maladies qui sont résultés nécessairement de ce mélange d'erreur et de vérité, vous êtes comme forcé de les mettre au compte de la Providence. Singulière conclusion, en vérité, pour un homme qui, à la page 12, fait ressortir, avec éclat, l'intelligence, la sagesse et la bonté divines, du sein de l'harmonie universelle.

Mais, si le mal physique et le mal moral sont le *lot permanent et fatal* de l'humanité, que deviennent cette liberté morale et cette liberté physique dont vous faites franchement l'aveu? Il n'y a pas à dire, il vous faut choisir entre la liberté et le fatalisme, entre la justice de Dieu et le manichéisme. Vous restez dans les deux : ce qui implique un jugement de votre bon sens contre votre principe.

« *La douleur a d'ailleurs son côté utile* » dites-vous, comme pour excuser la Providence du triste *lot* qu'elle aurait fait à l'humanité. Oui, elle a son côté utile, « elle épure le cœur, » cela est vrai; mais, cette utilité, cette épuration consistent à ramener au bien par l'expérience du mal; à faire rentrer dans les lois de Dieu ceux qui en sont sortis par l'abus de leur libre arbitre; ce n'est pas directement et en elle-même, c'est par l'écart qu'elle punit, c'est par ses caractères indirects de justice et de réhabilitation qu'elle est morale, qu'elle est *sainte*, comme disait le Christ. Mais, cette douleur, Dieu ne vous l'avait pas prédestinée, car il vous offrait la paix dans la conscience obéie, et la paix encore, dans la raison satisfaite. Cette douleur, c'est l'homme qui se l'inflige à soi-même, comme on s'inflige le mal en sortant du bien, comme on se condamne à l'obscurité en sortant de la lumière, à la maladie en sortant de la santé, à la mort en violant les lois de la vie. Dieu nous a si peu prédestinés à la douleur, qu'il nous a donné, par la sensibilité et le sentiment, l'horreur de la douleur physique et morale, et la plus grande hâte d'en sortir ; elle était si peu votre *lot,* dans sa pensée paternelle, qu'il vous a donné, dans la conscience et dans la science, tout ce qu'il faut pour la prévenir et la faire cesser. Dieu, toujours père, même au milieu de nos écarts, toujours juste, même au milieu de nos ingratitudes, n'a fait autre chose que rendre féconde cette douleur qu'il a tout fait pour nous éviter : il la rend féconde en nous ramenant par la *vertu* au bonheur de *l'innocence.*

Une fois enlacé dans le fatalisme, votre esprit s'embarrasse de plus en plus, par la faute de votre principe, dans un lacis d'erreurs qu'un principe plus vrai nous permet de débrouiller : « la vie est-elle autre chose, dites-vous, qu'un travail, qu'une lutte, qu'une souffrance. »

Vous confondez le travail avec la souffrance, c'est-à-dire avec l'excès et le dégoût du travail ; vous confondez l'activité vitale avec la douleur, c'est-à-dire avec cette activité désordonnée. Veuillez vous interroger vous-même, comme chacun de nous ici, et vous reconnaîtrez avec moi, avec nous tous, qu'il n'est pas de plus grand plaisir que le travail, de plus grand charme que l'activité normale de toutes les facultés et de toutes les fonctions de l'être : Voyez l'enfant, en qui tout est plus près de la nature, l'impatience d'agir, le plaisir de vivre débordent en lui de toutes parts ; et ces aspirations ardentes des individus et des peuples opprimés vers toutes les libertés, vers toutes les activités vitales, ne sont-elles pas le témoignage énergique, terrible quelquefois, du charme puissant de la vie. La douleur, la souffrance ne surviennent que dans la privation ou l'abus de cette activité pleine de charme ; et de ces deux excès, sources de douleurs, la plus insupportable, je crois, est l'inaction. Demandez-le au Prométhée de Sainte-Hélène.

« L'histoire, dites-vous, ne nous montre-t-elle pas l'humanité marchant vers son but mystérieux, sur une voie baignée de sang et de larmes ? » Hélas ! oui. Mais, qu'est-ce à dire ? cela prouve-t-il que le mal physique et moral soit le *lot permanent et fatal* de l'humanité ? est-ce à vous, homme de lumière, de confondre le droit et le fait ? la prédestination divine, et le plus ou moins de réalisation humaine? de confondre la sagesse et la justice de Dieu avec l'insanité ou la méchanceté humaines? L'histoire, que vous citez, est-elle autre chose, comme le temps, que le réceptacle des erreurs humaines mêlées de quelques lambeaux de vérités, des défauts et des vices humains mêlés de quelques vertus ; réceptacle aussi indifférent au bien ou au mal, que la feuille de papier est indifférente au blanc ou au noir. L'histoire n'est guère que le triste tableau des abus qu'a faits l'homme des dons de Dieu. Elle n'engage que la responsabilité humaine. Le livre de Dieu n'est pas là ; il est dans l'univers et dans l'homme ; il est dans cette admirable unité de tant de fonctions diverses qui concourent de toutes parts à ces harmonies universelles, où éclate, en traits de lumière, une sublime sagesse et une paternelle Providence.

L'universel hosanna n'est troublé que dans les hautes régions de la conscience, de la science et du libre arbitre, où Dieu associe l'homme à son gouvernement et l'initie, par les voies successives et solidaires de l'intuition et de l'observation, de la conscience et de la science, à la sagesse de ses lois.

Enfin, vous terminez par ces mots : « la religion ne nous offre-t-elle pas l'expression la plus haute et la plus éclatante de cette *loi nécessaire de la douleur*, dans l'expiation sublime qui rédima l'humanité, au prix du sang d'un Dieu. »

Messieurs, est-ce seulement son sang que cet homme-Dieu a donné aux hommes? Ne sont-ce pas aussi et surtout de grandes et profondes vérités? D'où vient ce sang donné par l'amour, versé par le crime, sinon de l'aveuglement et de la méchanceté de la race sur laquelle il est retombé comme une éternelle réprobation? D'où viennent les vérités régénératrices de cette seconde révélation, sinon de la bonté de Dieu? Distinguez-donc, encore une fois, l'œuvre de Dieu de celle des hommes ; et ne confondez pas l'amour divin et les vérités divines qui rouvrent aux hommes les voies du salut, avec les supplices que l'ingrate et stupide humanité a toujours infligés à ses rédempteurs.

Ces vérités éternelles que la corruption avait effacées de la conscience humaine, un homme-Dieu est venu les y rétablir au prix de la vie terrestre ; mais, c'est pour nous relever de la dégradation et de la douleur qui la suit, non pour nous y faire vivre, qu'il est venu et a accompli ce sacrifice. La rédemption n'est pas dans les souffrances que des Juifs aveugles ont imposées à leur Messie ; elle est dans l'amour qui a fait accepter ce calice, elle est dans les vérités, dans les lois divines qui ont été, au travers de ces souffrances, révélées de nouveau à la conscience humaine.

Ce n'est pas par les ingratitudes dont le médecin n'est que trop abreuvé, ou par les autres inconvéniens et accidens de sa mission, que le malade guérit ! C'est, d'abord, par le dévoûment qui suscite et nourrit la confiance, qui prépare les voies à la science, qui brave les ingratitudes et les périls ; c'est, ensuite, par les sages conseils de la science, qui font rentrer l'organisme dans les lois de la vie et de la santé.

Le sang du Christ a coulé du sein de l'amour divin ; comme la doctrine chrétienne a émané de l'esprit saint. L'amour a préparé les cœurs à la doctrine ; la doctrine a ensemencé les esprits du fruit de l'amour. Ne séparez pas ces deux élémens de l'unité sacrée ; la vérité, le salut, sont dans leur union, chez l'humain comme chez le divin Rédempteur ; ces deux élémens ne sont unis que pour sauver ou racheter l'homme de la douleur.

Si la douleur est le *lot fatal* de l'humanité, si elle est la loi divine de l'homme, qu'est-il besoin d'un rédempteur ? laissez la souffrance accomplir son œuvre de destruction ; vous, prêtres, respectez son droit dans le remords ; et vous, médecins du corps, de quel droit venez-vous lui disputer et lui ravir sa proie dans la maladie ? brûlez vos livres qui sont une impiété, car ils sont un attentat à la *loi nécessaire* de la douleur ; et vous tous, hommes d'intelligence, à des titres divers, qui cherchez dans les sciences, dans les lettres, dans les arts et dans l'industrie, l'amélioration progressive du sort de l'homme, à tous les degrés de son échelle, sachez deux choses : sachez que votre principe est faux, car vous travaillez sur la matière, et ce n'est pas par cette voie que la vérité peut vous venir, c'est par la conscience seule et l'intuition qu'elle se révèle à vous ; sachez que vos efforts sont vains ; que dis-je ! presque sacriléges ; car *le mal physique et le mal moral sont le lot permanent et fatal de l'humanité !*

Dans quel abîme, par ces seuls mots, vous précipitez l'humanité !

Vous voyez, Messieurs, combien l'esprit le plus cultivé et la bonne volonté la plus parfaite, pour peu qu'ils s'égarent dans la région des principes, sont fatalement entraînés, en dépit d'eux-mêmes (et c'est ici que le mot *fatal* a sa juste application), sont fatalement entraînés, par l'inflexible logique, aux plus étranges, aux plus funestes conséquences.

Rentrons donc dans la vérité, c'est-à-dire dans l'homme tel que Dieu l'a fait : la conscience bien suivie, la science bien cultivée, représentées par les deux termes immuables de l'unité humaine ; la conscience et la science unies entre elles comme leurs objets, sont, dans cette unité même, la source pure de toute vérité, de toute certitude, de tou'e morale. Mais, la conscience est l'aînée et l'introductrice de la science ; du reste, il n'y a rien dans l'une qui ne puisse, qui ne doive se retrouver dans l'autre ; je ne dis pas dans la science d'aujourd'hui ou de demain, mais dans la science de l'humanité ; elles ont toutes deux le même et unique objet : les lois divines de la nature des choses. Les lois logiques descendent de Dieu dans l'univers, de l'âme humaine dans l'organisme humain. C'est en elles que se constituent l'unité universelle d'un côté, l'unité humaine de l'autre ; c'est en elles pareillement que se doit constituer l'unité de la conscience et de la science. Et c'est parce que cette unité ne se peut consommer que dans la vérité même de ces lois immuables et éternelles, que cette unité de la conscience et de la science est seule source de certitude absolue. C'est au temps de cette consommation, que la vérité humaine, c'est-à-dire les lois de la nature humaine régneront sur l'homme et gouverneront les choses humaines. C'est le temps promis du règne de Dieu sur la terre.

La doctrine que je viens de vous exposer, vous le voyez, Messieurs, est la doctrine même de la nature. Je n'en suis que le bien indigne traducteur : aussi, est-ce sur le traducteur et la traduction, non sur la doctrine, que j'appelle votre indulgence.

FIN.

Paris. — Typographie FÉLIX MALTESTE et Ce, rue des Deux-Portes-St-Sauveur, 22.

9 782329 047287